MALADIE DE LA VIGNE

NOTICE

SUR LA

POUDRE ANTI-OÏDIQUE

DE

A. BAUDRIMONT ET H. LE MAT

6me Édition.

Prix : 25 centimes.

SE VEND, A BORDEAUX

CHEZ M. CHAUMAS, FOSSÉS DU CHAPEAU-ROUGE

ET CHEZ TOUS LES LIBRAIRES

Avril 1864.

AVIS IMPORTANT.

Deux erreurs, dont les conséquences peuvent être nuisibles aux intérêts des viticulteurs, tendent à se propager. On affirme, d'une part, qu'il y a eu peu ou point d'oïdium dans l'année qui vient de s'écouler, et, d'autre part, que ce parasite est disparu pour toujours.

La première assertion est complètement fausse. L'oïdium s'est montré partout dans la Gironde : sur des vignes qui avaient déjà été oïdiées, et sur des vignes qui ne l'avaient pas encore été; seulement, il est arrivé que l'ardeur du soleil, tout à fait exceptionnelle dans l'année qui vient de s'écouler, a suffi pour le tuer sur les nouveaux rameaux, dans son évolution du mois d'août. Les vignes dont les fruits seuls ont été soufrés, en ont porté les traces comme les autres : leurs rameaux l'attestaient par de nombreuses taches noires qui leur donnaient l'apparence tigrée. CELLES SOUMISES AU TRAITEMENT DE LA POUDRE ANTI-OÏDIQUE EN ONT ÉTÉ COMPLÈTEMENT EXEMPTES.

Pour ce qui concerne la deuxième erreur, il n'appartient à personne de pouvoir affirmer que

l'oïdium soit disparu à jamais, pas plus que l'on ne peut assurer qu'il persistera toujours. La même chose avait été dite en 1858, et l'on sait que l'année suivante a été une des plus désastreuses. Comment, un seul pied de vigne cultivé dans une serre de Margate, en Angleterre, a suffi pour empoisonner le monde entier, et, lorsque nous avons des certificats qui attestent que des vignobles ont été atteints par l'oïdium et sont demeurés sans récolte, est-il possible d'affirmer que l'oïdium ne reparaîtra pas?

Il est facile de se croire prophète quand on annonce la même chose tous les ans, jusqu'à ce que l'on espère qu'elle s'accomplisse; mais il en sera malheureusement de l'oïdium comme de toutes les maladies contagieuses ou transmissibles qui atteignent l'homme : une fois qu'elles ont existé elles ne disparaissent plus.

Voilà ce que nous disions dans notre cinquième édition de la fin de décembre 1863. Aujourd'hui, 22 avril 1864, nous savons d'une manière certaine que l'oïdium est apparu dans la commune de La Tresne, dans celle de Cubzac et dans celle du Carbon-Blanc. Ces faits nous dispensent de nouveaux commentaires.

MALADIE DE LA VIGNE

NOTICE
SUR LA
POUDRE ANTI-OÏDIQUE
DE
A. BAUDRIMONT ET LE MAT
brevetés s. g. d. g.

Depuis l'année 1851, les vignes du département de la Gironde sont atteintes d'une maladie qui affecte leurs parties vertes. Les feuilles, les jeunes pousses et le raisin sont d'abord recouverts d'un duvet blanc qui répand une odeur de *moisi* lorsqu'on le froisse. Ce duvet disparaît peu à peu et se trouve remplacé par des piqûres noires et quelquefois par des taches de même couleur ou brunes d'une étendue qui peut atteindre plusieurs centimètres carrés. Les plus petits grains de raisin cessent de s'accroître; ils brunissent et se dessèchent. Les plus gros s'entr'ouvrent et laissent voir leurs pépins à nu.

Le .raisin frappé par la maladie est toujours dur, et, alors même qu'il a atteint un certain développement, il ne peut donner qu'une faible quantité de suc ou de moût. La couleur qu'il devait avoir ne s'est formée que très imparfaitement et par places ; le sucre indispensable à la production du vin ne s'est pas produit. En un mot, il y a un arrêt complet du développement de la vigne et de son fruit.

Les figures suivantes donneront une idée des altérations présentées par le raisin.

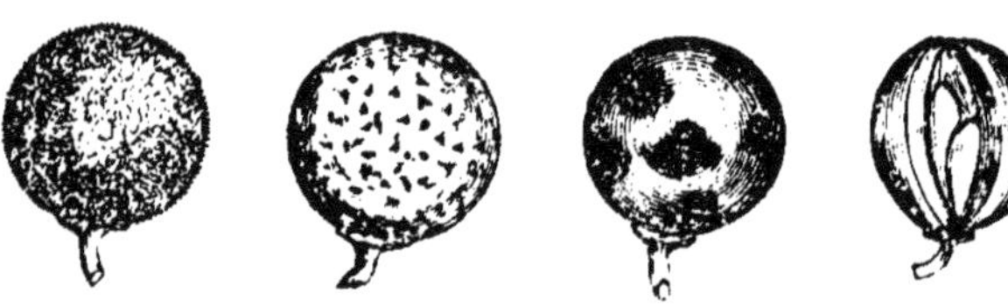

La maladie de la vigne apparaît à des époques très variables. Elle commence quelquefois à la fin du mois d'avril, lorsque les bourgeons sont à peine développés ; mais ce cas est rare : on l'observe plus ordinairement après la floraison, et c'est surtout à la fin du mois de juillet que les accidents sont le plus redoutables.

Tous les cépages ne sont pas également atteints

par la maladie. On voit souvent dans un même champ des espèces déterminées entièrement couvertes de ce duvet ou de cette moisissure spéciale qui la caractérisent, tandis que d'autres qui les touchent en sont entièrement préservés : parmi les raisins blancs, les musqués sont plus atteints que les autres, et parmi les vignes rouges, le cabernet sauvignon, qui est un des plus précieux cépages du Médoc, se trouve dans le même cas.

Les vignes situées dans des lieux bas et humides tels que les palus et les îles de la Gironde, sont plus exposées à être atteintes par l'oïdium que celles qui croissent dans les lieux élevés. Elles peuvent néanmoins l'être dans toutes les conditions.

Origine et cause de la maladie de la vigne.

La cause de tous les accidents qui viennent d'être décrits est aujourd'hui parfaitement connue. On sait qu'elle réside dans un être parasite [1] qui offre une certaine analogie avec les champignons,

[1] Être qui vit sur un autre être.

tant au point de vue de sa forme et de sa structure, qu'à celui de sa manière de vivre et de se reproduire. On lui a donné le nom d'OÏDIUM. Il a été observé pour la première fois en 1845, dans une serre des environs de Margate, en Angleterre. En 1847, il a franchi le détroit et s'est montré dans les environs de Paris. Il s'est bientôt répandu dans tout le nord de la France, et dès 1850 il est parvenu en Provence et en Espagne. En 1851 il a envahi les vignobles de la Gironde. Il a traversé les mers, a atteint les vignes de l'île de Madère, qui ont été presque complètement détruites, et s'est enfin répandu dans le monde entier.

L'immense diffusibilité de l'oïdium et la rapidité de sa marche sont importantes à connaître, parce qu'elles démontrent qu'il peut à chaque instant envahir un vignoble sans que rien puisse prévenir de son arrivée. Cependant, il est facile de comprendre qu'il doit avoir deux marches distinctes : une lente, par laquelle il passe d'un cep à un autre cep qui en est rapproché ; une rapide, lorsqu'il est transporté par les courants d'air. Aussi, quand une contrée est envahie par ce fléau, celles qui l'environnent ne doivent en redouter l'influence que lorsque la direction du vent indique qu'il peut en apporter les germes.

Si l'on examine l'oïdium au soleil, on voit qu'il est formé de petits filaments brillants enchevêtrés les uns dans les autres. Ce fait est facile à vérifier avec une loupe ou un microscope [1]. Cette partie du parasite porte le nom de *mycelium*. Au dessus du mycelium s'élèvent des filets libres à leur extrémité supérieure et terminés par un renflement ovoïde (en forme d'œuf). Ces filets sont articulés ou paraissent formés de petits tubes soudés bout à bout.

La figure suivante donne une idée de cette disposition :

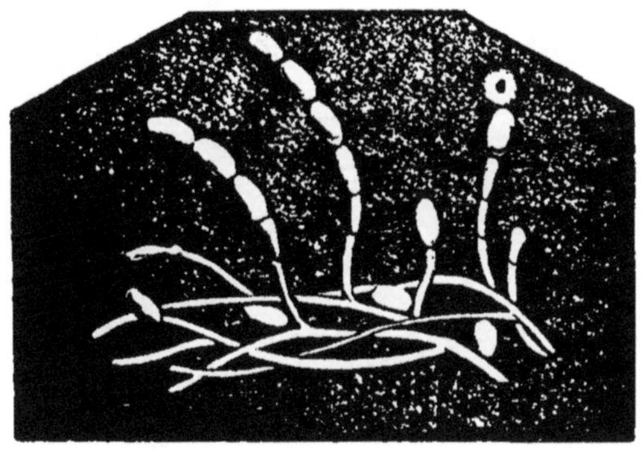

La partie ovoïde des filaments porte le nom de *spore*.

[1] Instruments qui font paraître les objets beaucoup plus gros qu'ils ne sont, et qui permettent d'en saisir les moindres détails.

Les spores sont creuses et renferment une multitude de petits grains que l'on nomme *sporules*. Ces sporules sont tellement petites, qu'elles ne peuvent être aperçues qu'à l'aide d'un microscope ; elles ont la forme d'un ellipsoïde allongé et applati. Elles possèdent elles-mêmes une enveloppe et renferment des granules d'un volume excessivement faible.

Lorsque les spores se rompent, les sporules s'en échappent.

La figure suivante représente une spore fortement grossie et des sporules qui en sortent par une déchirure. Deux sporules vues à un plus fort grossissement donnent une idée de leur forme.

Ce sont les sporules qui reproduisent et perpétuent l'oïdium. Elles jouent envers lui le même rôle que celui des graines à l'égard des plantes supérieures. Elles sont le germe de cet être redoutable, et l'on pourrait dire celui de la maladie de la vigne, en confondant cette maladie avec la cause qui la produit. Privées d'organes de locomotion, elles semblent devoir mourir où elles sont nées; mais leur légèreté et leur excessive petitesse font qu'elles peuvent demeurer suspendues dans l'air et être transportées à des distances immenses.

L'extrême ténuité des sporules de l'oïdium et celle beaucoup plus grande des globulins qu'elles renferment, permettent encore de comprendre qu'elles puissent pénétrer dans les anfractuosités les plus petites, et que, charriées dans la sève de la vigne, elles pourraient circuler avec elle et se fixer dans quelque endroit inconnu jusqu'à ce que des circonstances favorables les missent en état de paraître au dehors et de donner naissance à l'oïdium. Rien ne prouve que les faits se passent ainsi; mais plusieurs maladies observées chez l'homme autorisent à penser que cette opinion ne présente rien d'impossible, malgré l'immense différence qui existe entre ces deux êtres.

L'oïdium est la cause de la maladie de la vigne; elle n'existe pas sans lui d'une manière bien évidente, et lorsqu'il apparaît sur cette plante, on s'aperçoit bientôt qu'elle souffre : elle cesse de s'accroître; ses feuilles, ses bourgeons, son fruit ne se développent plus. La moelle des rameaux oïdiés prend une couleur brune; la sève qui circule dans la vigne a une odeur spéciale, désagréable, infecte. Le parasite cramponné sur cette plante s'empare de ses sucs nourriciers et s'oppose à ce que les parties vertes accomplissent les fonctions que la nature leur a dévolues. L'oïdium meurt avant d'avoir tué la vigne; mais les altérations qu'il a fait naître sont si considérables, et l'année est alors si avancée, que le mal qu'elle a éprouvé ne peut plus être réparé.

Des différents modes d'invasion de l'oïdium.

On ne sait pas ce que devient l'oïdium pendant l'hiver. Le raisin est cueilli, les feuilles sont tombées, la vigne est taillée ; il ne reste plus que les souches, les supports et le sol ; cependant l'oïdium se représente toujours.

Les vignes en espalier sont attaquées plus tôt

et plus fortement que celles cultivées en plein champ. Cela ne semble-t-il pas indiquer que les germes de l'oïdium se sont fixés dans les anfractuosités du treillage ou de la muraille contre lesquels elles s'appuient, et que, dans tous les cas, cette muraille forme un obstacle qui s'oppose à la dispersion des sporules?

Lorsque les vignes ont déjà été oïdiées on voit souvent le parasite se développer sur les jeunes rameaux, et s'étendre de proche en proche sur les feuilles et le fruit. Cette observation ne semble-t-elle pas aussi démontrer que les germes de ce parasite qui résident à la base des bourgeons, se développent à mesure que les feuilles en croissant offrent un aliment suffisant à l'être qu'ils produisent?

Enfin, les vignes qui ont été oïdiées sont presque toujours attaquées par le parasite, et d'une manière plus générale, avant celles qui ne l'ont point été.

On peut déduire de ce qui précède que les germes de l'oïdium peuvent se déposer partout où ils rencontrent un appui, et qu'ils se conservent intacts lorsqu'ils sont suffisamment abrités; que les souches de la vigne, qui présentent une multitude d'anfractuosités, que ses rameaux, ses supports, peuvent lui donner asile, et qu'il convient de le combattre où il est. Voilà ce que nous écrivions l'an dernier, et cette prévision s'est complètement vérifiée.

La vigne peut-elle souffrir de l'épiphytie (1) sans que l'oïdium apparaisse à sa surface?

Cette question a une véritable importance, car c'est de sa solution que dépend le mode d'application du traitement des vignes. Elle mérite donc un examen spécial.

Dans les premières années qui ont suivi l'apparition de l'oïdium, les viticulteurs véritablement praticiens disaient : La vigne ne se comporte plus comme avant la maladie; elle coule sans cause connue, les grains de raisin qui forment les grappes sont plus rares et leur maturité laisse à désirer. Aujourd'hui la tradition est perdue, et ces faits ne peuvent plus être appréciés.

(1) Mot correspondant pour les plantes à celui d'*épidémie* pour l'homme, et à celui d'*épizootie* pour les animaux.

Avant la maladie de la vigne, de grandes récoltes revenaient périodiquement tous les quatre à cinq ans ; mais depuis que l'oïdium est apparu aucune grande récolte n'a été obtenue dans nos contrées, excepté cependant dans quelques localités fort restreintes.

Des vignes qui n'ont jamais été oïdiées, mais qui sont en présence de l'épiphytie, donnent des produits qui diffèrent de ceux qu'elles donnaient avant l'apparition du parasite. Des vignes blanches non soufrées ont donné du vin à odeur d'hydrogène sulfuré, et les cendres gravelées que l'on prépare avec la lie de ces vins ne sont plus ce qu'elles étaient autrefois : leur titre en carbonate de potasse a diminué et elles contiennent plus de sulfate de cette base qu'il ne s'y en trouvait auparavant.

Depuis l'apparition de l'oïdium, les vins *vieillissent* ou *se font* plus vite, et par suite ils doivent se conserver moins longtemps qu'auparavant (1).

On sait que les vignes qui ont été soumises à un traitement convenable sont plus vigoureuses

(1) Ce fait, s'il n'était général, pourrait être la conséquence de l'emploi du soufre et surtout de l'addition de vins de marc au vin naturel.

que celles qui n'ont été l'objet d'aucun soin, quand même l'oïdium ne les a point atteintes, que leur feuillage est plus développé, qu'il est d'une couleur plus foncée et qu'il annonce une plus grande vitalité.

Or, cette observation, qui devient très évidente lorsque l'on emploie la poudre anti-oïdique, oblige à conclure que la vigne est malade depuis son origine et qu'elle a besoin d'un traitement pour se bien porter, ou, ce qui est plus rationnel, qu'elle est réellement malade sous l'influence de l'épiphytie sans que l'oïdium apparaisse à sa surface, et qu'un traitement bien dirigé peut la guérir.

Si l'oïdium paraît n'atteindre que quelques pieds de vigne dans un champ, n'est-il pas possible qu'il agisse sur les autres sans se développer à leur surface?

Lorsqu'une épidémie frappe les habitants d'une ville, elle ne les atteint que fort inégalement : les uns meurent, d'autres sont très malades, et il en est beaucoup qui ne sont qu'indisposés.

Les vertiges et la diarrhée qui précèdent ou accompagnent le choléra, ne confirment-ils point cette assertion?

N'est-il pas possible que les sporules de l'oïdium pénètrent dans la vigne par une voie quelconque, et déterminent le malaise qu'elle semble éprouver?

Ne sait-on pas d'ailleurs que la vigne qui a été plusieurs fois oïdiée dépérit et finit par mourir?

L'homme n'est-il pas affecté par des maladies de peau, qu'il porte constamment avec lui, mais qui ne se signalent au dehors, par des éruptions variées, qu'à des époques et sous des influences déterminées? Ne peut-il en être de même de la vigne?

En résumé, l'oïdium exerce une influence réelle sur la vigne, quand même il n'apparaît point à sa surface.

Il est donc probable que l'oïdium peut exister à l'état latent (caché) dans ce végétal, soit par ses sporules, soit *de toute autre manière.*

Les observations rapportées dans ce chapitre et dans le précédent démontrent clairement :

1° Que les germes de l'oïdium se conservent pendant l'hiver non seulement sur toutes les parties de la vigne, mais aussi sur ses supports;

2° Que l'oïdium exerce une influence réelle sur la vigne, lors même que l'on n'en observe aucune trace à sa surface.

Lorsque l'oïdium est apparu pour la première fois, il est bien évident qu'il venait de dehors ; il en est encore de même lorsqu'il atteint des vignes qui n'ont jamais souffert par sa présence ; mais lorsqu'il reparaît plusieurs années de suite dans un même lieu, on ne peut affirmer qu'il n'avait point pénétré dans la vigne ou qu'il ne s'était pas fixé sur quelque point de sa surface, et que ses germes, comme tous les autres germes, ne se sont développés aussitôt que les circonstances l'ont permis.

Cette observation, qui n'était qu'une supposition l'an dernier, est devenue cette année l'expression d'une vérité démontrée. M. Chatel de Vire avait déjà dit que l'oïdium se développait à la base des bourgeons ou des jeunes rameaux. Nous avons vérifié cette assertion sur une grande échelle. Oui, les rameaux sont envahis par leur base : l'oïdium s'élève en rampant et atteint successivement les pétioles des euilles et leur limbe, les pédoncules des grappes et les grains de raisin ; si celles-ci sont poudrées, il s'arrête; mais s'il trouve un passage, si étroit qu'il soit, il s'avance et continue sa route jusqu'à l'extrémité des rameaux.

On a peine à comprendre que ce fait, si simple et si facile à observer, ait pu échapper à ceux qui se sont donné pour mission d'observer l'oïdium. Il indique clairement qu'il faut soumettre à un traitement préventif les vignes qui ont déjà été oïdiées.

Lorsque la vigne est poudrée avec notre agent, il est tellement diffusible qu'il se répand partout et protége complètement les rameaux; ce que ne fait point le soufre, ni même aucune poudre plus dense et moins subtile, et, par cela même, moins diffusible.

Ces faits démontrent de la manière la plus évidente et la plus positive qu'il faut se mettre en garde contre l'apparition du terrible parasite. Il est d'ailleurs si difficile de surveiller les vignes de manière à connaître le jour précis de son arrivée; il fait souvent des progrès si rapides, qu'il doit paraître au moins convenable de détruire ses germes autant qu'on le peut, et de mettre la vigne en mesure de lui résister, soit qu'il existe en elle ou sur elle à l'état *latent*, soit qu'il vienne du dehors.

Ainsi que cela a été dit précédemment, l'oïdium a un autre mode d'invasion : ses sporules suspendues dans l'atmosphère peuvent se déposer sur toutes les parties de la vigne. Les bourgeons et les jeunes feuilles qui poussent à l'extrémité des rameaux, étant plus tendres, sont plus aptes à l'alimenter que les autres parties du végétal ; il s'y développe plus tôt qu'ailleurs, et il paraît par cela même avoir pris naissance sur ces jeunes organes lorsqu'en réalité il est partout.

Traitement qu'il convient d'appliquer à la vigne

Ce qui vient d'être exposé peut se résumer ainsi :

1° La maladie de la vigne est due à un être qui se développe et vit à ses dépens ; cet être se reproduit par des sporules (germes) d'une ténuité extrême.

2° Elle est partie d'un point unique, parfaitement connu, et de là, en un petit nombre d'années, elle s'est répandue dans le monde entier.

3° Elle a deux modes de propagation : l'un lent et agissant de proche en proche, comme les maladies contagieuses ; l'autre rapide et empruntant la voie aérienne, comme cela arrive dans les grandes épidémies.

4° Les vignes qui ont déjà été oïdiées sont atteintes plus tôt et d'une manière plus générale que celles qui ne l'ont point été ou qui ont été soumises à un traitement efficace.

5° La vigne souffre de la présence de l'oïdium sans que l'on puisse reconnaître les traces de ce parasite à sa surface.

Il résulte de ces observations, que les moyens de dissémination et de propagation de l'oïdium sont immenses et d'une rapidité extrême. Et, soit qu'il vienne du dehors, soit qu'il se développe de lui-même sur des pieds où il était déjà paru, on ne peut prévoir son arrivée, et l'on trouvera sans doute rationnel de faire des efforts pour prévenir son apparition, de quelque part qu'il vienne.

Si, comme toutes les observations rapportées dans le chapitre précédent semblent le démontrer, la vigne éprouve un malaise qui nuit à son développement, à sa fécondité et à la maturité de son fruit, il doit être évident pour tous qu'il est indispensable de la soumettre à un traitement convenable sans attendre l'apparition de l'oïdium.

On doit donc regarder comme utile et bien fondée l'opinion des viticulteurs qui affirment qu'il faut soumettre la vigne à un traitement préventif.

Parmi les matières employées pour combattre l'oïdium, celles qui sont à l'état pulvérulent sont les seules d'un emploi commode, et, parmi ces dernières, le soufre a souvent donné des résultats satisfaisants.

Nous demanderons, à cet égard, d'entrer dans quelques détails.

Le soufre a été employé sous deux formes : le soufre sublimé et le soufre trituré ou pulvérisé.

Le soufre sublimé est du soufre réduit en vapeur qui s'est condensée par un refroidissement subit. Dans les premiers moments, quelquefois les premiers jours de sa formation, il est en très petits globules d'une consistance molle comme celle du caoutchouc. En peu de temps, ces petits globules cristallisent, et de lisses qu'ils étaient deviennent anguleux. En outre, la fleur de soufre qui n'a pas été lavée contient moins d'un millième d'acide sulfurique.

Le soufre trituré est du soufre brut de Sicile qui a été pulvérisé avec plus ou moins de soin. Ce soufre est quelquefois pur ; quelquefois aussi il peut renfermer jusqu'à deux centièmes de matière étrangère. Il ne contient pas une trace d'acide sulfurique.

Le soufre sublimé a donné des résultats satisfaisants dans la Gironde ; le soufre trituré en a donné également de bons dans la région du sud-est ; mais il a pu être inférieur au premier, et cela se conçoit, car l'effet produit par le soufre dépend de son état de division plus ou moins grande, et rien, jusqu'à présent, n'a prouvé que ce soufre ait été pulvérisé convenablement.

Il est donc démontré que le soufre est actif par lui-même, et qu'il l'est plus ou moins selon son état de division.

Mais ces soufres ont des inconvénients ; ils n'ont d'action que lorsque la température est suffisamment élevée pour les réduire en vapeur. C'est à cette vapeur que l'on doit la forte odeur que l'on sent, lorsque le soleil est ardent, en approchant d'un champ de vigne soufré ; c'est cette vapeur qui étend l'action de ces soufres et fait qu'ils agissent au delà des points de contact des petits grains solides qui les forment. Lorsque la température baisse, comme cela a toujours lieu pendant la nuit, ou lorsque l'air est très humide, ou surtout lorsqu'il tombe une pluie fine, ils sont complètement inactifs.

La température des nuits étant rarement élevée, le dépôt de la rosée s'opposant à la vaporisation du soufre jusqu'à ce qu'elle soit disparue par l'action du soleil, il en résulte que, par le temps le plus favorable, le soufre est inactif pendant plus de 12 heures par jour, et que, lorsque le temps est humide, condition qui convient le mieux au développement de l'oïdium, il devient tout à fait inactif. Ces observations viennent corroborer celles des viticulteurs qui n'ont pu combattre efficacement l'oïdium par l'emploi du soufre; car ce corps a pu demeurer inerte sur la vigne si le temps a été pluvieux et si la température n'a pas été assez élevée.

Or, tout en reconnaissant l'efficacité du soufre, l'utilité de son emploi et les services qu'il a rendus, on est aussi forcé de reconnaître qu'il est insuffisant.

Ce sont ces observations, bien nettes et bien précises, qui nous ont conduits ; 1° à modifier le soufre pour le rendre plus actif; 2° à rechercher les substances qui pourraient le remplacer ou le rendre plus efficace. C'est ainsi que nous sommes parvenus à composer la *poudre anti-oïdique*.

L'an dernier, nous ne pouvions indiquer que le résultat de nos observations personnelles. Aujourd'hui, il n'en est plus de même. La *poudre anti-oïdique* a été employée sur une grande échelle, par un grand nombre de propriétaires ou de viticulteurs, et dans plusieurs départements. Les honorables certificats qui nous ont été délivrés sont plus que suffisants pour en établir la valeur réelle. Nous nous bornerons à résumer ses principales propriétés, et à faire connaître les avantages qui résultent de son emploi :

1° La *poudre anti-oïdique* est tellement diffusible, que 60 kilogrammes peuvent couvrir et protéger un nombre de ceps de vignes qui eût exigé 100 kilogrammes de soufre trituré ou sublimé.

2° Son activité est plus grande que celle du soufre, puisque, sous un moindre poids, elle produit autant et même plus d'effet que ce dernier agent. On peut dire qu'elle produit plus d'effet, parce que, se développant comme un nuage lorsqu'on la projette sur la vigne, elle se dépose sur toutes ses parties, et qu'employée comparativement avec d'autres produits, *elle seule* en a protégé complètement les rameaux.

3° Elle adhère fortement aux parties avec lesquelles elle est en contact, et y demeure long temps fixée.

4° Elle agit en tous temps, par le soleil, lorsque l'air est humide, et surtout sous l'influence de la rosée. Une grande pluie peut seule l'enlever, et encore a-t-elle dans ce cas imprégné la vigne de manière à détruire tous les germes d'oïdium qu'elle pourrait avoir à sa surface, et à la protéger encore pendant longtemps.

5° Deux opérations ont suffi pour protéger complètement la vigne dans l'année qui vient de s'écouler; mais il pourrait arriver qu'il en fallût davantage, selon l'intensité et la fréquence de l'oïdium.

6° Toutes ces conditions, réunies à la modicité du prix de la *poudre anti-oïdique,* font qu'ELLE OFFRE UNE ÉCONOMIE DE PLUS DE CINQUANTE POUR CENT

SUR LE SOUFRE, quel qu'il soit, et, à plus forte raison, sur les mélanges qui lui doivent leur activité.

7° Tous ceux qui ont employé le soufre, savent qu'il agit fortement sur les yeux et cause une douleur cuisante, à tel point que bien des ouvriers ont refusé d'en faire usage.

La *poudre anti-oïdique* n'a pas cet inconvénient.

8° Elle fortifie la vigne, hâte sa floraison et la maturation du raisin. — Loin de communiquer au vin une odeur et un mauvais goût, qui le rendent quelquefois invendable, elle en améliore la qualité.

9° Non seulement elle détruit l'oïdium, mais elle tue ou éloigne tous les animaux qui attaquent la vigne, tels que limaçons et insectes. Quoique n'exerçant aucune action nuisible sur les ouvriers qui l'emploient, elle est cependant un agent destructeur pour ces animaux. Elle agit immédiatement sur les limaçons, de telle espèce qu'ils soient; elle les oblige à abandonner le cep sur lequel ils se sont fixés. Si la quantité de poudre qui les a atteints est suffisante, elle les tue infailliblement. Lorsqu'elle ne l'est point, ils peuvent se remettre de l'accident qu'ils ont éprouvé; **MAIS ILS NE REVIENNENT JAMAIS SUR LA VIGNE COUVERTE DE POUDRE ANTI-OÏDIQUE.**

La poudre anti-oïdique ne détruit point immédiatement l'*Altise* et l'*Attelabe* lorsque ces animaux sont parvenus à l'état d'insecte parfait; mais elle les éloigne et les empêche de se fixer sur la vigne qui en est couverte, et cela suffit pour sa préservation complète. Appliquée sur leurs œufs, elle les détruit et empêche le développement du germe qu'ils renferment. Elle éloigne également la *Pyrale,* dont la chenille cause des ravages que l'on a comparés à l'action du feu, tant ils sont funestes à la vigne.

L'*Attelabe,* comme tous les viticulteurs l'ont observé, attaque les feuilles dont elle ronge le pétiole; elle y dépose ses œufs et les y enroule. Une fois que cette opération est faite, la poudre ne peut plus les atteindre; mais cela ne peut avoir lieu, si, par un poudrage préventif fait en temps convenable, le limbe de la feuille a été recouvert depoudre anti-oïdique.

La chenille de la *Pyrale* roule les feuilles de la vigne comme le fait l'Attelabe, mais pour s'y abriter seulement; car ce n'est qu'à l'état d'insecte parfait ou de papillon qu'elle se reproduit.

L'*Altise* dépose ses œufs à la partie inférieure des

feuilles, où ils forment un amas jaunâtre. La poudre, employée avec un instrument qui la projette de bas en haut, se fixe sous leur limbe, y détruit les œufs de l'insecte, ou bien elle l'empêche de les y déposer. Dans tous les cas, elle protége la vigne contre les ravages que pourrait exercer cet animal dangereux. Ce résultat peut être obtenu soit avec notre lance à poudre, soit avec un simple soufflet à tuyère recourbée.

C'est dans le mois de mai que l'Attelabe et l'Altise pondent leurs œufs. Il est donc indispensable de poudrer la vigne aussitôt que ses bourgeons sont épanouis et que ses feuilles se sont en partie développées.

Le poudrage, fait pour éloigner les animaux nuisibles, aura en outre l'avantage de prévenir l'apparition de l'oïdium. La végétation étant encore peu avancée à cette époque de l'année, l'opération est facile, rapide et peu dispendieuse.

Les faits qui viennent d'être signalés, joints à ceux qui sont rapportés dans notre Notice, nous confirment dans l'opinion que le poudrage préventif est une chose éminemment utile, et que l'on ne doit négliger de le faire que lorsque l'on est assuré que la vigne est en bon état et qu'elle n'a rien à redouter de l'oïdium, ni des insectes, ni des limaçons. Dans ce cas, on peut attendre et ne poudrer qu'au besoin.

10° Elle éloigne les fourmis ([1]).

11° Elle protége toutes les plantes qui peuvent être atteintes par l'oïdium, et notamment les tomates.

12° Elle protége aussi la pomme de terre contre la maladie qui l'atteint d'une manière si persistante depuis plusieurs années.

Il suffit d'en poudrer les tiges et les feuilles pour que le tubercule soit préservé.

Cette observation donne la preuve, ainsi qu'on l'a avancé, que la pomme de terre est atteinte par un être parasite qui se développe sur ses parties vertes, en suit les tiges, et s'introduit dans le sol pour y attaquer les tubercules.

TRAITEMENT DE LA VIGNE.

La vigne peut être soumise à deux modes de traitement fort distincts l'un de l'autre : le premier

([1]) Ce n'est que lentement qu'elle fait périr les pucerons qui attaquent les fèves.

peut recevoir le nom de *traitement préservatif* ou *préventif;* le second celui de *traitement éventuel.*

Le premier mode de traitement a principalement pour but de combattre l'oïdium, lors même qu'il n'existe qu'à l'état latent, d'en faire périr les germes, de prévenir son apparition, de fortifier la vigne, de la rendre plus féconde et d'en obtenir de meilleurs produits. Ce traitement a encore l'avantage de détruire les insectes et leurs larves.

La méthode préventive peut se résumer ainsi :

Opérer sur la vigne *avant la floraison.* (1)

Poudrer avec soin les parties vertes, les ceps, et même leurs supports.

Répéter cette opération lorsque le grain est formé et a atteint le volume du gros plomb de chasse.

Attendre et poudrer de nouveau si l'oïdium apparaît.

Si la première opération a été bien faite, elle a dû détruire tous les germes de l'oïdium existant

(1) Il faut éviter, à moins d'y être contraint par la présence de l'oïdium, de faire aucune opération sur la vigne pendant qu'elle est en fleurs; on risquerait inutilement de troubler l'acte de la fécondation et de la faire couler.

sur la vigne et elle doit suffire à elle seule, à moins que des sporules d'oïdium ne viennent du dehors. On pourrait à la rigueur se borner à observer la vigne et à ne la soumettre à un nouveau traitement, qu'autant que l'oïdium s'y montrerait; cependant, il est plus rationnel d'entretenir la vigne dans un état qui ne permette pas à l'oïdium de l'aborder : c'est pour cela que la deuxième opération a été indiquée; mais, à moins qu'il n'y ait nécessité, on peut la retarder beaucoup et ne la pratiquer que dans la première quizaine de juillet. On s'oppose ainsi de la manière la plus efficace à l'apparition de l'oïdium, qui, dans la Gironde, ne commence à se développer d'une manière générale que dans la dernière quinzaine de ce mois.

La méthode éventuelle est encore plus facile à formuler :

Surveiller l'apparition de l'oïdium.

Reconnaître la nature des cépages sur lesquels il se montre.

Opérer *immédiatement* sur tous les pieds de vigne du même cépage et du même champ.

Répéter la même opération autant de fois que l'oïdium apparaîtra.

La méthode éventuelle est fort simple : on voit par ce qui précède que l'on se borne à observer ce qui se passe, et que l'on n'opère que si la nécessité l'exige. D'où il résulte que si l'oïdium ne se montre pas, la vigne est abandonnée à elle-même et ne reçoit aucun traitement.

Dans l'état actuel des vignobles bordelais, qui ont tous été plus ou moins atteints par l'oïdium, cette méthode peut cependant n'être ni la plus avantageuse ni la plus économique, car la question se résume à savoir si l'état de santé de la vigne, si sa conservation même et si la plus-value des produits qu'elle peut donner sous l'influence du traitement préservatif, ne l'emportent pas sur la valeur vénale de ce même traitement, poudre et main d'œuvre comprises. Ce qui précède ne laisse aucun doute à cet égard : que l'on compare les vignes soufrées à celles qui ne l'ont jamais été, et l'on verra que les rameaux de ces dernières sont minces, chétifs, et qu'il est impossible que ces vignes donnent des récoltes égales à celles qu'elles ont donné avant l'apparition de l'oïdium.

Il faut remarquer en outre que ce mode de traitement est presque inapplicable à une grande propriété : 1° parce que la surveillance en est fort difficile ; 2° parce qu'il est presque impossible d'avoir constamment des ouvriers disponibles pour en faire l'application.

Instruments qu'il convient d'employer pour poudrer la vigne.

L'instrument le plus commode pour faire les premières opérations du traitement préventif, est une espèce de sablier qui permet de projeter la poudre sur les parties qui la réclament.

Nous avons, pour cet usage, un instrument spécial que l'on trouvera dans les dépôts de **Poudre anti-oïdique.**

Le même instrument peut encore servir lorsque les feuilles de la vigne ont pris un certain développement et qu'elles recouvrent le raisin ; il faut les écarter d'une main et projeter la poudre de l'autre main. Cependant, pour atteindre les feuilles à leur partie inférieure, le soufflet convient mieux.

Les soufflets employés jusqu'à ce jour présentent de graves inconvénients : la poudre se perd quelquefois, et ils ne permettent point à l'ouvrier de la distribuer à sa volonté. Nous avons remédié à cet inconvénient, et nous espérons que l'emploi de nos nouveaux instruments apportera une économie considérable dans la quantité de poudre à employer et dans la main-d'œuvre.

DOCUMENTS

A L'APPUI DES FAITS CONSIGNÉS DANS CETTE NOTICE.

CERTIFICATS ET LISTE

d'un certain nombre de propriétaires qui ont employé la poudre anti-oïdique pendant l'année 1863.

DOCUMENTS.

L'efficacité de la *poudre anti-oïdique* a été démontrée de la manière la plus évidente, et en général deux opérations ont suffi. Rien ne peut le prouver mieux que ce passage de l'*Espérance*, journal de Blaye, du 20 septembre 1863 :

« Nous avons visité cette semaine plusieurs vignes traitées avec la *poudre anti-oïdique* de MM. Baudrimont et H. Le Mat. Nous devons à la vérité de déclarer que dans ces vignes l'oïdium a complètement disparu, et que pas un raisin n'est atteint par le fléau, tandis que d'autres vignes, touchant ces dernières, et qui n'ont pas éte soignées, ont été envahies au point d'avoir leur récolte entièrement détruite. »

Ceux qui connaissent l'honorabilité du rédacteur de cette feuille, sauront apprécier la valeur de cette assertion.

Cette observation est confirmée par celle de M. Tuffrau, propriétaire à Plassac, dont le certificat est réuni à cette Notice sous le n° 3. Cet honorable viticulteur affirme qu'une pièce de vigne *enclavée dans la sienne,* de la contenance d'environ 1 hectare, qui n'a été l'objet d'aucun soin, a eu sa récolte compromise au point de ne pouvoir être ramassée, tandis que la vigne qui l'entoure a été traitée avec un succès complet par la *poudre anti-oïdique.*

Enfin, à ces témoignages nous en ajouterons un qui suffirait à lui seul pour entraîner toutes les convictions : c'est celui de notre excellent et digne archevêque, S. Em. le Cardinal Donnet.

Il faut conclure de tant de faits bien observés et constatés, sans pouvoir laisser le moindre doute dans les esprits, que, lorsque la *poudre anti-oïdique* a été employée en temps convenable et avec les soins qu'elle comporte, elle a parfaitement préservé la vigne des atteintes de l'oïdium, et qu'elle ne communique au vin aucune mauvaise qualité.

C'était là le but à atteindre, et il l'a été aussi complètement que possible. La *poudre anti-oïdique* offre donc, à ceux qui en font usage, sûreté et économie.

CERTIFICATS

Nous nous faisons un plaisir de certifier que MM. Baudrimont et Le Mat ont complètement réussi à préserver de l'*oïdium* les vignes de nos propriétés de Mérignac, quoique ce parasite y soit apparu à plusieurs reprises.

Ces vignes, qui avaient beaucoup souffert depuis plusieurs années et n'avaient été l'objet d'aucune espèce de traitement, ont été maintenues en bon état par deux opérations seulement faites avec la *poudre anti-oïdique*.

Nous ajouterons que le vin provenant des vignes confiées aux soins de ces Messieurs a une saveur franche, pure et exempte de tout mauvais goût.

En foi de quoi, nous avons délivré le présent certificat, pour servir au besoin.

Bordeaux, le 18 novembre 1863.

† FERDINAND CARDINAL DONNET,
Archevêque de Bordeaux.

Je soussigné, maire de Cabanac et Villagrains, canton de La Brède (Gironde), déclare que la *poudre anti-oïdique* de MM. Baudrimont et Le Mat, que j'ai employée dans la moitié de mes vignes, a produit le meilleur effet sous plusieurs rapports et dépassé mes espérances. J'ai eu à constater :

1° Qu'elle était d'une dispersion facile et qu'elle n'incommodait point les personnes chargées de l'employer;

2° Que sur son action la végétation avait pris un très grand développement;

3° Que certains cépages, et notamment le *prunella*, duquel je n'avais pu vendanger un seul grain depuis dix années, n'ont pas été atteints dans la partie soumise à mon expérimentation, et ont subi le sort des années précédentes dans la partie non poudrée;

4° Que j'ai reconnu dans l'emploi de cette poudre une tres grande économie;

5° Que j'ai eu une bonne récolte, et que le vin est exempt de toute mauvaise odeur, ainsi que la râpe.

Cabanac, le 30 octobre 1863.

Dominique Avril, *maire.*

Je soussigné, J. Tuffrau, propriétaire à Plassac, canton et arrondissement de Blaye (Gironde), déclare que ma propriété, sise audit lieu, a été traitée avec la *poudre anti-oïdique* de MM. Baudrimont et Le Mat, et que le succès a été complet.

L'oïdium, qui, comme les années précédentes, avait commencé son action dévastatrice, a été arrêté, et les cépages atteints non seulement guéris, mais préservés de toute invasion nouvelle.

Le vin que j'ai obtenu est de toute satisfaction, c'est à dire exempt de toute altération, soit pour le goût, soit pour l'odeur.

Je certifie, en outre, qu'une pièce de vigne enclavée dans la mienne, et de la contenance d'environ un hectare, qui n'a été l'objet d'aucun soin, a eu sa récolte compromise au point de ne pouvoir être ramassée. — Les grappes désséchées sur les ceps attestent le fait.

En foi de quoi j'ai délivré le présent certificat, pour servir à MM. Baudrimont et Le Mat, comme gratitude de leurs soins et de l'efficacité de leur *poudre anti-oïdique*.

Plassac, le 5 novembre 1863.

J. TUFFRAU.

Certifié par nous, maire de Plassac :

BLAY, *adjoint*.

Je déclare avoir employé la *poudre anti-oïdique* de MM. Baudrimont et Le Mat dans ma propriété de Lauzac, en Queyries (Cenon-La-Bastide, près Bordeaux), et en avoir constaté les bons effets. Les vignes ont été préservées de la maladie, et le vin se trouve exempt de toute altération, soit pour le goût, soit pour l'odeur.

Bordeaux, le 12 novembre 1863.

B. BÉGUERIE.

Je soussigné, propriétaire à Cambes (Gironde), déclare avoir employé la *poudre anti-oïdique* de MM. Baudrimont et Le Mat sur des cépages de raisins de Corinthe dont les mannes étaient déjà couvertes d'une poudre blanche (l'*oïdium*).

J'ai poudré deux fois, et, depuis dix ans, j'ai, pour la première fois, récolté du raisin parfaitement mûri, et les pieds qui étaient malades ont repris de la vigueur. J'ai aussi réussi sur d'autres cépages également atteints. Je n'ai, du reste, employé la *poudre* que sur les vignes déjà envahies par l'oïdium.

Château de Lardit, 18 novembre 1863.

S. DE SALENEUVE.

Je déclare avoir employé la *poudre anti-oïdique* de

MM. Baudrimont et Le Mat dans mes propriétés de Loubedat et Crémens, arrondissement de Condom, département du Gers, et en avoir constaté les bons effets.

La maladie a complètement disparu sous l'action de la *poudre*, et le vin que j'ai récolté est exempt de toute altération, soit pour le goût, soit pour l'odeur.

Bordeaux, le 10 novembre 1863.

P. Rudelle.

Je déclare avoir employé la *poudre anti-oïdique* de MM. Baudrimont et Le Mat dans ma propriété de Gradignan, et j'ai constaté :

1° Que son application sur les ceps déjà atteints d'oïdium en a arrêté immédiatement les progrès, et la maladie n'a plus reparu ;

2° Que les ceps non oïdiés ont été complètement préservés ;

3° Que l'emploi de cette poudre est facile et ne fatigue pas les manœuvres ;

4° Enfin, que le vin est exempt de goût et d'odeur désagréables, et qu'il y a dans l'emploi une très grande économie.

Bordeaux, le 15 novembre 1863.

N. Serres.

Je soussigné, Louis-Joseph Boucheron, pépiniériste, membre de la Société d'Agriculture des Landes et maire de la commune de Saint-Jean-d'Août, canton et arrondissement de Mont-de-Marsan,

Certifie avoir employé la *poudre anti-oïdique* de MM. Baudrimont et Le Mat, à titre d'essai, sur une parcelle de vigne de la contenance d'un hectare. Cette poudre fut répandue sur mes vignes au moment où l'oïdium commençait à exercer ses ravages. Une seule opération, faite le 16 juillet, a produit les résultats les plus satisfaisants : la maladie a été complètement arrêtée, le raisin est venu en parfaite maturité, et le vin en provenant, qui est de qualité plus qu'ordinaire, est exempt de tout mauvais goût.

En foi de quoi, j'ai délivré le présent certificat.

Saint-Jean-d'Août, le 18 novembre 1863.

E. BOUCHERON, *maire.*

Je soussigné, Saint-Marc, propriétaire à Saint-Pierre, canton et arrondissement de Mont-de-Marsan (Landes),

Certifie avoir employé la *poudre anti-oïdique* de MM. Baudrimont et Le Mat, et obtenu avec un seul poudrage des résultats très satisfaisants. — Les vignes étaient déjà atteintes d'oïdium lorsque j'ai commencé l'opération.

Le vin n'a aucun mauvais goût, et sa qualité est parfaite.

Saint-Pierre, le 17 novembre 1863.

SAINT-MARC.

J'ai obtenu des résultats très satisfaisants de l'emploi de la *poudre anti-oïdique* de MM. Baudrimont et Le Mat sur des vignes envahies par l'oïdium, et dont le produit aurait été nul sans son application.

Le vin n'a contracté aucun mauvais goût, et sa finesse est parfaite.

Larebion, près Nogaro (Gers), 5 novembre 1863.

A. LEZAT, *propriétaire.*

Je soussigné déclare avoir fait emploi de la *poudre anti-oïdique* de MM. Baudrimont et Le Mat avec un grand succès. J'ai expérimenté sur une vigne malade depuis *onze ans,* qui n'avait jamais rien donné, malgré tout ce que j'avais pu faire pour combattre l'oïdium. Après deux poudrages faits avec la *poudre anti-oïdique*, les raisins ont été complètement guéris et l'oïdium arrêté, malgré son intensité.

Saint-Jean-d'Août, près Mont-de-Marsan, le 18 novembre 1863.

M. Garrelon, *propriétaire*.

Je soussigné, Charles Lidon, régisseur des propriétés de M. de Balias, certifie avoir employé contre la maladie de la vigne la *poudre anti-oïdique*, dans les vignobles de Magdeleine et de Boulias. Cette poudre a fait disparaître l'oïdium, et le raisin est venu à parfaite maturité; elle n'a communiqué au vin aucun mauvais goût, comme le soufre.

Marmande (Lot-et-Garonne), le 8 novembre 1863.

Lidon.

Je déclare avoir employé la *poudre anti-oïdique* de MM. Baudrimont et Le Mat dans ma propriété de Gradignan, et en avoir constaté les bons effets. Les vignes ont été préservées de la maladie, et le vin se trouve exempt de toute altération, soit pour le goût, soit pour l'odeur.

Bordeaux, le 3 novembre 1863.

Hermitte, *avocat*.

La *poudre anti-oïdique* de MM. Baudrimont et Le Mat, qui a été employée dans ma propriété de Château de Saint-Bris, commune de Villenave-d'Ornon (Gironde), a produit les meilleurs effets : l'oïdium a disparu sur les pieds atteints, et ceux non attaqués ont été préservés. Le vin a une saveur franche et est exempt de tout mauvais goût.

Bordeaux, le 29 octobre 1863.

G. Oxeda Junior, *banquier*.

Je soussigné, A. Sicaud, propriétaire à L'Aire, commune

de Plassac, arrondissement de Blaye (Gironde), certifie qu'ayant confié mes vignes, fortement atteintes d'oïdium, pour qu'elles soient traitées avec la *poudre anti-oïdique* de MM. Baudrimont et Le Mat, je suis parfaitement satisfait du résultat. Le vin recueilli n'a aucun goût particulier; ceux que j'ai invités à le déguster le déclarent avec moi.

En foi de quoi, j'ai délivré la présente attestation.

Plassac, le 16 novembre 1863.

A. Sicaud, *propriétaire.*

Certifié par nous, maire de Plassac :

P. Lamaud.

Je soussigné, Ve Eymery, propriétaire à Plassac, canton et arrondissement de Blaye (Gironde), déclare que ma propriété, sise audit lieu, a été traitée par la *poudre anti-oïdique* de MM. Baudrimont et Le Mat, et que le succès a été complet. L'oïdium, qui avait envahi mon vignoble comme les années précédentes, a été non seulement arrêté, mais les cépages atteints ont été préservés de suite d'une invasion nouvelle. Le vin que j'ai obtenu est de toute satisfaction, exempt de tout vice ou altération résultant de l'emploi de la poudre.

En foi de quoi, j'ai donné la présente attestation, pour servir à propager l'emploi de ce puissant remède.

Plassac, le 18 novembre 1863.

Ve Eymery, *née* Marzande.

Certifié par nous, maire de Plassac :

P. Lamaud.

Je déclare avoir employé la *poudre anti-oïdique* de MM. Baudrimont et Le Mat dans mes propriétés du Bardon, commune de Saint-Martin, Lacaussade, Cars et Blaye (Gironde). Le succès a été complet.

L'oïdium, qui avait, comme les années précédentes, envahi mes vignes dès le mois de mai, a été détruit, et toute invasion nouvelle combattue avec un égal succès. Le limaçon et la pyrale, qui s'étaient montrés, ont disparu à la première opération. Le vin que j'ai obtenu est de toute satisfaction et exempt, comme les vins soufrés, de ce goût si détestable d'œufs couvés.

Puisse cette déclaration, aussi loyale que spontanée, engager les propriétaires à n'employer à l'avenir que cette poudre, aussi économique dans son emploi qu'efficace par ses effets.

Blaye, le 25 octobre 1863.

EYMERY.

Légalisé par nous, maire :

LAMAUD.

Nous soussignés, propriétaires à Gauriac, canton de Bourg (Gironde), certifions avoir fait usage de la *poudre anti-oïdique* de MM. Baudrimont et Le Mat, et que, contrairement aux années précédentes, nous avons obtenu un excellent résultat de l'emploi de cette nouvelle poudre. Le vin, ainsi que la piquette, sont exempts de tout mauvais goût.

Gauriac, le 30 octobre 1863.

L. SIMONET. Ve MIGNIÉ.

Je soussigné, propriétaire à Gauriac, canton de Bourg (Gironde), déclare avoir fait emploi, cette année, de la *poudre anti-oïdique* de MM. Baudrimont et Le Mat, et que, comparativement aux années précédentes, j'ai obtenu un résultat plus satisfaisant. Cette poudre est d'un emploi facile et ne communique au vin ni à la piquette aucune mauvaise odeur.

Gauriac, le 10 novembre 1863.

V. GRIMARD.

Je soussigné, propriétaire à Camps, canton de Bourg (Gironde), certifie que la *poudre anti-oïdique* de MM. Baudrimont et Le Mat a été employée dans mes vignes, très ravagées par la maladie. Son efficacité est incontestable, le vin obtenu est sans la moindre altération ni goût, comme celui provenant de vignes traitées par le soufre.

Camps, le 29 octobre 1863.

Ve Roy.

Je soussigné, Loumeau aîné, propriétaire à Saint-Ciers-de-Canesse (Gironde), déclare avoir employé, cette année, la *poudre anti-oïdique* de MM. Baudrimont et Le Mat dans mes vignes, et avoir obtenu un excellent résultat avec deux opérations. Le vin et les râpes sont exempts de toute odeur, comme avec l'emploi du soufre.

Saint-Ciers-de-Canesse, le 29 octobre 1863.

Loumeau aîné.

Je, Dupouy, propriétaire à Saint-Seurin, canton de Bourg (Gironde), certifie que l'emploi de la *poudre anti-oïdique* de MM. Baudrimont et Le Mat m'a pleinement satisfait. Depuis 1852, mes vignes étaient constamment atteintes par la maladie et ne me donnaient qu'une très faible quantité de vin. Celui que j'ai obtenu cette année est exempt de toute odeur nauséabonde, et la piquette est parfaite.

Saint-Seurin de Bourg, 30 octobre 1863.

Dupouy.

Propriétaire à Bayon, canton de Bourg (Gironde), je déclare avoir fait usage de la *poudre anti-oïdique* de MM. Baudrimont et Le Mat, et n'avoir qu'à me louer du résultat que j'ai obtenu. Cette poudre a mis à néant l'oïdium, dont mes vignes étaient infestées. Elle est d'un emploi facile, très économique, et ne communique aucun goût désagréable ni au vin ni à la piquette.

Bayon, le 29 octobre 1863.

Blanc.

Je soussigné, propriétaire à Castres, canton de La Brède (Gironde), déclare avoir employé la *poudre anti-oïdique* de MM. Baudrimont et Le Mat avec un plein succès et une économie considérable sur le soufre, sans le moindre inconvénient pour les personnes qui la répandent. — Le vin est exempt de toute mauvaise odeur, et la râpe en parfait état.

Castres, le 27 octobre 1863.

E. TAUZIN.

Je soussigné, propriétaire à Beautiran, arrondissement de Bordeaux, déclare avoir employé moi-même la *poudre anti-oïdique* de MM. Baudrimont et Le Mat. J'ai constaté une grande économie et une très grande facilité dans l'emploi de cette poudre. L'oïdium a été détruit, et le vin et les râpes sont exempts de mauvais goût et d'odeur de soufre.

Beautiran, le 24 octobre 1863.

LÉGLISE.

Je soussigné, Touron, propriétaire à Castres, déclare que la *poudre anti-oïdique* de MM. Baudrimont et Le Mat, que j'ai employée dans mes vignes, y a produit tout le succès désirable. Économie dans l'emploi, dispersion facile, innocuité parfaite pour les travailleurs, et vin de toute satisfaction, sans mauvaise odeur, comme avec l'emploi du soufre.

Castres, le 29 octobre 1863.

TOURON.

J'ai constaté la bonté de la *poudre anti-oïdique* de MM. Baudrimont et Le Mat sur toute l'étendue de mon vignoble situé dans la commune de Fargues, que j'ai exclusivement traité avec cette poudre.

Mes vignes, atteintes l'année précédente par l'oïdium, ont été complètement préservées cette année.

Le raisin est venu en parfaite maturité, et le vin en provenant est exempt de tout vice, soit pour le goût, soit pour l'odeur.

En foi de quoi, j'ai délivré le présent certificat.

Bordeaux, le 26 novembre 1863.

P. Gros.

Je déclare avoir employé la *poudre anti-oïdique* de MM. Baudrimont et Le Mat dans ma propriété de Rontignon, canton de Pau (Ouest), département des Basses-Pyrénées, et en avoir constaté les résultats curatifs et économiques.

Mes vignes ont été préservées de l'oïdium et même guéries, et les vins et les rappes sont exempts de toute altération, soit pour le goût, soit pour l'odeur.

Rontignon, le 15 décembre 1863.

Pour M. Avril, absent :
L'employé-gérant de la propriété,
Alexis Arrougés.

Je déclare avoir employé la *poudre anti-oïdique* de MM. Baudrimont et Le Mat dans ma propriété de Rontignon, canton de Pau, Ouest, et en avoir constaté les résultats curatifs et économiques. Mes vignes ont été préservées de l'oïdium, et le vin a été exempt de toute altération.

Pau, le 15 décembre 1863.

Cubes, *médecin.*

Je soussigné, Pierre-Alphonse Cassaigne-Laffont, propriétaire et maire, domicilié de la commune du Frêche, canton de Villeneuve (Landes), certifie que depuis onze ans je cultive un hautin situé dans ma commune, et que durant ce temps je n'ai pas récolté un seul raisin; que l'année dernière, j'ai employé du soufre pour combattre l'*oïdium* par deux reprises et ne pus rien conserver, la récolte s'étant perdue presque aussitôt le second soufrage opéré; que cette année, j'ai employé la *poudre anti-oïdique* de M. Baudrimont, et cela dans le mois de juillet, et j'ai eu la satisfaction de voir la maladie s'arrêter court après la première et seule opération que j'ai faite. Par suite, j'ai récolté un peu de vin rouge parfaitement coloré et entièrement exempt de toute espèce de goût et très bon.

Le présent certificat délivré pour servir à constater l'exacte vérité.

C. LAFFONT, *propriétaire et maire de la commune du Frêche.*

Je soussigné, Ollé-Lacomme aîné, propriétaire et négociant à Villeneuve-de-Marsan (Landes), certifie qu'après deux soufrages pratiqués cette année dans de bonnes conditions sur un hectare environ de vigne rouge, l'*oïdium* reparut vers fin juillet avec des symptômes assez graves.

M'étant décidé alors, sur des renseignements favorables, à employer la *poudre anti-oïdique* de MM. Baudrimont et Le Mat, de Bordeaux, la maladie s'arrêta, et peu après le raisin reprit son développement et parvint à parfaite maturité.

Je ne doutai pas de l'efficacité d'un troisième soufrage; car, l'année passée, celui-ci me donna, dans cet enclos qui n'avait rien produit depuis longtemps, *dix hectolitres* de vin; mais je n'ai pas à regretter la préférence que j'ai donnée en cette circonstance à la *poudre anti-oïdique;* j'ai récolté cette année *dix-huit hectolitres* de vin.

En outre, j'ai remarqué que cette poudre, par sa diffusibilité et son adhérence, avait conservé les raisins parfaitement intacts; tandis que, dans le soufrage, l'année passée, certaines parties de grappes avaient échappé à son action.

Tel est le rapport fidèle des faits que j'ai constatés, et en foi desquels je délivre le présent certificat.

Villeneuve-de-Marsan, 10 décembre 1863.

OLLÉ-LACOMME aîné, *négociant et propriétaire.*

Je soussigné, propriétaire à Colombes (Seine), déclare que depuis 1853, ma vigne, et surtout mes treilles et mes chasselas étaient chaque année abîmés par l'oïdium. J'ai alors employé, en juillet dernier, la poudre anti-oïdique de MM. A. Baudrimont et H. Le Mat, de Bordeaux, et principalement sur des pieds et des grappes que l'oïdium commençait déjà à atteindre.

Je certifie que les ceps malades ont été guéris, que les grappes sont arrivées à maturité, et que l'oïdium a complètement disparu. — Certain de l'efficacité de la poudre anti-oïdique de MM. A. Baudrimont et H. Le Mat, je compte m'en servir encore cette année.

Paris, le dix-sept mars mil huit cent soixante-quatre.

J.-B. GAUTHERIN, *propriétaire.*

1, rue Laffite.

LISTE

d'un certain nombre de propriétaires qui ont expérimenté la POUDRE ANTI-OÏDIQUE dans l'année 1863.

Mme la baronne d'Adeler, au château de Lamothe, — Ayguemorte (Gironde).
MM. de Briolle, domaine de Maignan, — Bassens (Gironde).
Badanchon, à Fronsac (Libourne).
Bahans, au Bouscat (Gironde).
Beaufils, à Lormont (Gironde).
De Boisard, à Saint-Christophe (Libourne).
Bonhur, à Floirac (Gironde).
Bosq, à Arcins (Gironde).
Bouchet, à Fronsac (Libourne).
Baliset, à Saint-Pierre de Bat (Gironde).
Baudet, à Plassac (Gironde).
Bernard, à Blaye (Gironde).
Brilloit, à Blaye (Gironde).
Bigourdan, à Fargues (Gironde).
Mme Bordes, à Talence (Gironde).
MM. de Caro, à Beautiran (Gironde).
Cazeau, à Saint-Émilion (Libourne).
Chambert, à Pomerol (Libourne).
Contant, à Saint-Émilion (Libourne).
Courty, au château de Cérons (Gironde).
Coutures (Pierre), à Cenon-La-Bastide (Gironde).
Chaline (Pierre), à Saint-Loubès (Gironde).
Coppinger, à Lormont (Gironde).
Coupat, à Cenon-La-Bastide (Gironde).
Chiménès, à Blanquefort (Gironde).
Coiquaud, au Cars, par Blaye (Gironde).
Cinan, à Villeneuve, canton de Bourg (Gironde).
Douat aîné, au Carbon-Blanc (Gironde).
Despouys, à Margaux (Gironde).

MM. Dumézil, à Baurat (Gironde).
Dubreuil, à Floirac (Gironde).
Dutasta, à Vayres (Gironde).
Déchamps, aux Bons-Enfants (Gironde).
Dubarry, à Sauternes (Gironde).
Dameron, à Floirac (Gironde).
Dumézil, à Lormont (Gironde).
Eymery, maire de Cars (Gironde).
Faget, à La Bastide (Gironde).
Fauché, à La Tresne (Gironde).
Gaborias, à Saint-Germain-La-Rivière (Libourne).
Gadra, à Pomerol (Libourne).
Garde, à Pomerol (Libourne).
Guestier (Pierre), à Beychevelle (Gironde).
Mme Gintrac, au Tondu (Gironde).
MM. Giqueaux, à Lormont (Gironde).
Gourdon, à Lormont (Gironde).
Gauthier, à Sainte-Foy (Gironde).
Galtié, à La Bastide (Gironde).
Gautherin (Pierre), à Colombe, près Paris (Seine).
Jeantet, à Anglade (Gironde).
de Labordère, domaine du Puy-Cambes (Gironde).
de Lamalétie, aux Bons-Enfants (Gironde).
Lion (Pierre), à Villenave (Gironde).
Lanthois, à Saint-Christoly (Gironde).
de Lombre, régisseur de l'Ile-Verte, à Plassac (Gir[de]).
Lamaud (Pierre), maire de Plassac (Gironde).
Lamaud (Félix), à Plassac (Gironde).
Lamaud (Nestor), à Saint-Ciers-de-Canesse (Gironde).
Lagasse, à Vayres (Gironde).
Luc (Henri), à Talence (Gironde).
Merle, à Floirac (Gironde).
Marque, à Onesse (Landes).
Michaud, à Sainte-Foy (Gironde).
Ménard, au Gua (Charente-Inférieure).
Marceau, au Pain de Sucre (Gironde).
Mme Meynard, à Blaye (Gironde).
MM. Merlande, à Queyries (Gironde).

MM. Mondon, à Villegouge (Libourne).
Nartigue, à Pompignac (Gironde).
Nadal, à Plassac (Gironde).
Pailhas, à Libourne.
Petit, à Saint-Estèphe (Gironde).
Peychaud, au château de Monconseil,— Plassac (Gir^de^).
Prolongeau, domaine de Colart, — Blaye (Gironde).
Peychaud, maire de Saint-Trajan, — Bourg (Gironde).
Princeteau, à La Grave d'Ambarès (Gironde).
Pesquier, à La Bastide (Gironde).
Régis, à Carignan (Gironde).
Robert, à Bourg (Gironde).
Raynaud frères, à Lauzun (Lot-et-Garonne).
Robert (Pierre), à Bourg (Gironde).
Robert, à Tarnès (Libourne).
Seignan, à La Tresne (Gironde).
Servant, à Néac (Libourne).
de Sonneville, à Sainte-Eulalie d'Ambarès (Gironde).
Sursol, à Cenon-La-Bastide (Gironde).
Verry, à Talence, près Bordeaux (Gironde).
Vivien, à Saint-Christophe (Libourne).

Bordeaux. — Imp. G. Gounouilhou, rue Guiraude, 11.

PROTECTION DE LA VIGNE

CONTRE

LES GELÉES DU PRINTEMPS.

M. Troubat, déjà connu par ses recherches intéressantes sur le pincement de la vigne et sur la méthode Guesnon pour apprécier la valeur des vaches laitières, s'est appliqué à trouver les moyens de s'opposer aux effets désastreux que les gelées du printemps exercent sur la vigne, et il y est parvenu par un procédé peu dispendieux et facile à mettre en pratique.

Pour connaître le procédé et les conditions de son application, s'adresser à M. Troubat, notaire honoraire et maire de la commune de Bonnes, canton d'Aubeterre (Charente).

DÉPOSITAIRES de la Poudre anti-oïdique :

M.

A

Département d

A BORDEAUX,

CHEZ M. CRÉBESSAC,

route d'Espagne, 131.

Bordeaux. Imp. G. Gounouilhou, rue Guiraude, 11.

www.ingramcontent.com/pod-product-compliance
Ingram Content Group UK Ltd.
Pitfield, Milton Keynes, MK11 3LW, UK
UKHW020431180726
13839UKWH00003B/1425

9 782329 334677